AF457540

Die in den Sitzungsberichten Abt. I und Abt. II der math.-nat. Klasse der Österr. Akad. d. Wiss. erscheinenden Abhandlungen werden auch einzeln abgegeben. Sie können durch jede Buchhandlung oder direkt durch die Auslieferungsstelle der Österreichischen Akademie der Wissenschaften (Wien I, Singerstraße 12) bezogen werden.

Nachfolgende Abhandlungen aus dem Fach **Physik** sind erschienen:

1950 (1950) (S II a, Bd. 159):

Blau Marietta: Bericht über die Entdeckung der durch kosmische Strahlung erzeugten „Sterne" in photographischen Emulsionen, 4 Seiten. S 4.—

Danninger R. und Sirk H.: Theorie des in einer magnetisch abgelenkten Glimmentladung auftretenden Druckgefälles, 4 Seiten. S 3.40

Feuchtinger K.: Ableitung des zweiten Hauptsatzes für reversible Prozesse (mit 2 Abbildungen). S 3.40

Glaser W.: Zur wellenmechanischen Theorie der elektronenoptischen Abbildung (mit 2 Abbildungen), 63 Seiten. S 58.—

Haupt H.: Über Phasenkoeffizienten und Albedo der kleinen Planeten Ceres, Pallas, Juno und Vesta, 20 Seiten. S 21.60

Hess V. F: Persönliche Erinnerungen aus dem ersten Jahrzehnt des Instituts für Radiumforschung, 3 Seiten. S 4.—

Hevesy G. v.: Erinnerungen an die alten Tage am Wiener Institut für Radiumforschung, 2 Seiten. S 4.—

Meyer St.: Die Vorgeschichte der Gründung und das erste Jahrzehnt des Institutes für Radiumforschung, 26 Seiten. S 4.—

Paneth F. A.: Aus der Frühzeit des Wiener Radiuminstituts. Die Darstellung des Wismutwasserstoffs, 3 Seiten. S 4.—

Przibram K.: 1920 bis 1938, 7 Seiten. S 4.—

Rieder W.: Der Szilard-Chalmers-Effekt mit langsamen und schnellen Neutronen (mit 5 Abbildungen), MIR Nr. 462, 14 Seiten. S 13.—

Wieninger L. und Adler N.: Über die Verfärbung von nat. Steinsalzkristallen durch Bestrahlung mit α-Teilchen von Ra*F* (mit 7 Abbildungen), MIR Nr. 472, 12 Seiten. S 13.80

Wieninger L.: Über die Bestrahlung natürlicher, gefärbter Steinsalzkristalle mit α-Teilchen von Ra*F* (mit 7 Abbildungen), MIR Nr. 466, 15 Seiten. S 15.—

Wieninger L. und Adler N.: Über den Einfluß der Erwärmung auf das Absorptionsspektrum des mit Ra*F*-x-Strahlen verfärbten Steinsalzes (mit 7 Abbildungen), MIR Nr. 467, 11 Seiten. S 9.60

Wieninger L.: Über die Verfärbung von gepreßten Steinsalzkristallen durch Bestrahlung mit α-Teilchen von Ra*F* (mit 5 Abbildungen), 12 Seiten. S 9.60

1951 (S II a, Bd. 160):

Bernert Traude: Radiumbestimmungen an Tiefseesedimenten (mit 3 Abbildungen), MIR Nr. 483, 12 Seiten. S 6.30

Böhm W.: Kolloide und Farbzentren in additiv verfärbtem Steinsalz (mit 5 Abbildungen), 18 Seiten. S 8.—

Brukl A., Hernegger F. und Hilbert Hermine: Zur Kenntnis neuer in der Natur vorkommender α-Strahler (mit 9 Abbildungen), MIR Nr. 482, 17 Seiten. S 5.50

Mayerl Margarete: Bestimmungen der optischen Konstanten des Calciums und Anwendung der Mieschen Theorie auf die Verfärbung des Flußspates (mit 5 Abbildungen), 7 Seiten. S 3.50

Wieninger L.: Ein Beitrag zur Klärung der Frage nach Wesen und Ursprung der Violett- bzw. Blaufärbung natürlicher Steinsalzkristalle (mit 13 Abbildungen) MIR Nr. 474, 33 Seiten. S 10.50

1952 (S II a, Bd. 161):

Begemann F. und Houtermans F. G.: Herstellung einer Radium-D-E-F-Standard-Lösung, MIR Nr. 492, 4 Seiten. S 3.40

Brandstaetter F.: Bemerkungen über H. Maches Methode zur Bestimmung des Diffusionskoeffizienten von Luft in Wasser (mit 4 Abbildungen), 23 Seiten. S 13.—

Hawliczek F.: Eine stabilisierte Kaskadenhochspannung für den Betrieb von Geiger-Müller-Zählrohren (mit 10 Abbildungen), MIR Nr. 485, 8 Seiten. S 9.—

ISBN 978-3-662-23888-2 ISBN 978-3-662-26000-5 (eBook)
DOI 10.1007/978-3-662-26000-5

Differentialthermoanalytische Untersuchungen an $CaSO_4 . 2\,H_2O$ und seinen durch Entwässerung entstehenden Folgeprodukten

Von

J. A. Schedling

I. Physikalisches Institut der Universität Wien

und

J. Wein

Österreichische Staub- (Silikose-) Bekämpfungsstelle, Wien

(Vorgelegt in der Sitzung am 21. April 1955)

(Mit 6 Abbildungen)

Trotz des relativ häufigen natürlichen Vorkommens von $CaSO_4 . 2\,H_2O$ in Form von Gips, Alabaster sowie Selenit und der umfangreichen technischen Verwendung seiner verschiedenen, durch Erhitzung entstehenden Folgeprodukte ist der Ablauf der Umwandlung des Dihydrats zum Anhydrit in manchen Punkten noch nicht restlos geklärt.

Nach Kelley, Southard und Anderson [1] gibt das Dihydrat bei Erwärmung zunächst das im Gitter zwischen Schichten von Calciumatomen und SO_4-Gruppen in dünnen Zonen eingelagerte Wasser soweit ab, daß — je nach den Versuchsbedingungen — das α- bzw. β-Semihydrat $CaSO_4 . \frac{1}{2}\,H_2O$ entsteht. Diese endotherme Umwandlung ist von einer deutlich erkennbaren Änderung des Gitteraufbaues begleitet, die von verschiedenen Autoren [2] röntgenographisch festgestellt werden konnte. Bei weiterer Erwärmung erfolgt dann der gleichfalls endotherme Übergang vom α- bzw. β-Semihydrat zum löslichen α- bzw. β-Anhydrit. Über die Art des Wassereinbaues in die beiden Formen des Semihydrats ist noch wenig bekannt [3]. Nach Untersuchungen der oben genannten Autoren [1] und anderer [4] zeigt sich ferner, daß die Entwässerung der Semihydrate nicht sofort restlos erfolgt, sondern die gebildeten Anhydrite, besonders der β-Anhydrit, stets noch meßbare Mengen von Wasser (Größenordnung 1%) enthalten, die erst bei einer weiteren Erwärmung ausgetrieben werden.

Die eben erwähnten Prozesse laufen im Temperaturintervall von ca. 80°—250° C ab; die von den verschiedenen Autoren für die einzelnen Umwandlungen angegebenen charakteristischen Temperaturen schwanken in weiten Grenzen. Unabhängig von den bereits genannten Formen entsteht unter bestimmten Versuchsbedingungen auch ein unlöslicher Anhydrit.

$CaSO_4 . 2\,H_2O$ kann ferner bei Temperaturen unterhalb 66° C durch Auskristallisation aus reiner wässeriger Lösung gewonnen werden [5]. Nach Southard [1] unterscheidet sich das so erhaltene Calciumsalz energetisch und wahrscheinlich auch in der Kristallform vom natürlichen Gips nicht. In den nachfolgenden Untersuchungen wurde hauptsächlich gefälltes Dihydrat als Probematerial verwendet und zum Vergleich wurden auch einige Messungen an einem Fasergips („Atlas-Spat") aus Girgenti, Sizilien, vorgenommen. Auf die Beschreibung der zu den Untersuchungen verwendeten Differentialthermoanalyse- (DTA-) Apparatur darf hier verzichtet werden, da diese bereits an anderer Stelle [6] ausführlich erfolgte.

Vergleicht man die in Fig. 1 zusammengestellten DTA-Diagramme des Systems Dihydrat-Semihydrat-Anhydrit nach Gruver [7], Lehmann [8] und Barshad [9] mit den in dieser Figur unten dargestellten eigenen Meßergebnissen, so zeigt sich, daß die resultierenden Kurvenformen durchaus unterschiedlich sind. Im Extremfall findet eine vollständige Verschmelzung der beiden endothermen Übergänge Dihydrat—Semihydrat und Semihydrat—Anhydrit statt (Diagramm nach Lehmann), während die Unstetigkeit im Verlauf der großen endothermen Reaktion in der Gruverschen Kurve bereits auf das Vorhandensein zweier Vorgänge hinweist. Das Resultat Barshads und unsere eigenen Meßergebnisse zeigen den stufenweisen Übergang von der wenig gegliederten Kurve zur deutlichen Ausbildung zweier getrennter Gipfel. Die drei unteren Kurven der Abb. 1 wurden unter Variation der Geschwindigkeit des Temperaturanstieges in der Probe von 12°/Min. zu 5°/Min. bei sonst gleichen Versuchsbedingungen an jeweils 500 mg Dihydrat als Ausgangsmaterial ermittelt.

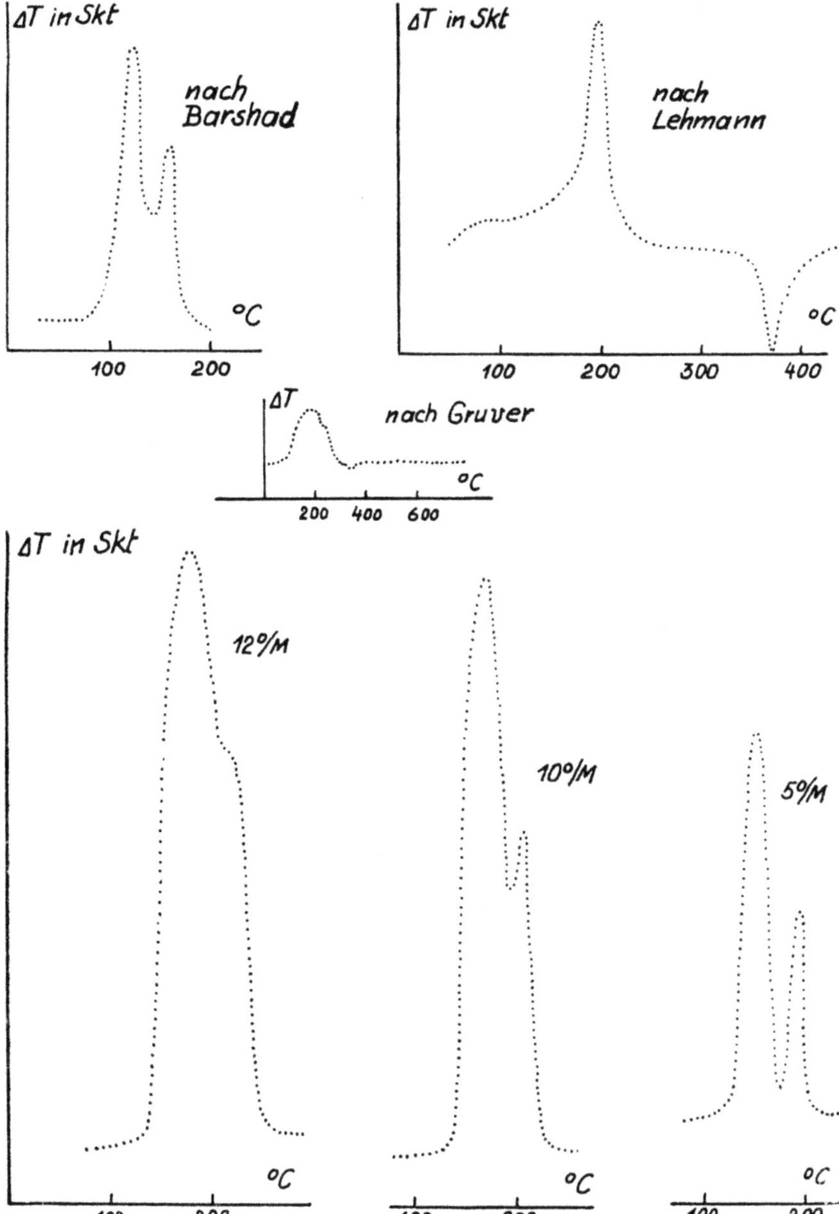

Abb. 1. DTA-Diagramme von $CaSO_4 \cdot 2H_2O$ bei verschiedenen Erwärmungsgeschwindigkeiten.

Noch deutlicher wird diese Aufspaltung in zwei getrennte Reaktionen, wenn außer der Erwärmungsgeschwindigkeit auch die Menge des zur Untersuchung verwendeten Calciumsulfats verringert wird. So zeigt z. B. die Abb. 4, auf die später noch näher eingegangen wird, den Reaktionsverlauf an einer Probe von nur 250 mg Dihydrat bei einem Temperaturanstieg von 9—10°/Min., die Abb. 3 *A* das resultierende DTA-Diagramm für 125 mg und eine Erwärmungsgeschwindigkeit von 2,5°/Min.

Bestimmt man nach Speil [10] und Kerr und Kulp [11] die von den Kurven eingeschlossenen Flächen als Maß für die Wärmetönung der Reaktion und damit auch für die Menge der reagierenden Substanz, so ergibt sich die in der DTA bekannte Erscheinung, daß diese bei sonst konstant gehaltenen Versuchsbedingungen eine Funktion der Erwärmungsgeschwindigkeit der Proben sind. Messungen an Gemengen aus gewichtsmäßig bekannten Anteilen von Dihydrat und inertem Material zeigen, daß bei jeweils konstanter Erwärmungsgeschwindigkeit eine Proportionalität zwischen der Menge des reagierenden Materials und der von der Kurve eingeschlossenen Fläche besteht. Man kann also, wie die in Abb. 2 dargestellten Ergebnisse zeigen, auch die endothermen, bei Kristallwasserabgabe auftretenden Reaktionen zur quantitativen Bestimmung der Menge der reagierenden Substanz in Proben heranziehen. (In Abb. 2 ist stets die Gesamtfläche der beiden Reaktionen eingetragen.) Die Verwendung der Ergebnisse solcher Eichungsmessungen zur quantitativen Auswertung der DTA-Diagramme zusammensetzungsmäßig unbekannter Proben ist allerdings mit besonderer Vorsicht vorzunehmen.

Die Tatsache, daß durch die Wahl einer geringen Erwärmungsgeschwindigkeit die beiden charakteristischen Einzelreaktionen voneinander getrennt werden können, bietet die Möglichkeit, diese gesondert zu untersuchen. So haben wir in einer Reihe von Versuchen die Flächen der beiden endothermen Gipfel einzeln ermittelt und mit Hilfe von Stoffen bekannter Schmelzwärmen, deren Schmelzpunkte in das interessierende Temperaturintervall fallen, den Energieumsatz bei diesen Reaktionen zu bestimmen versucht. Zu solchen Eichungen eignet sich z. B. Benzoesäure, deren Schmelzpunkt bei 122° liegt und deren Schmelzwärme ca. 34 cal/g beträgt, und Silbernitrat mit einem Schmelzpunkt von 212° und einer Schmelzwärme von 16,7 cal/g. Die nachfolgende

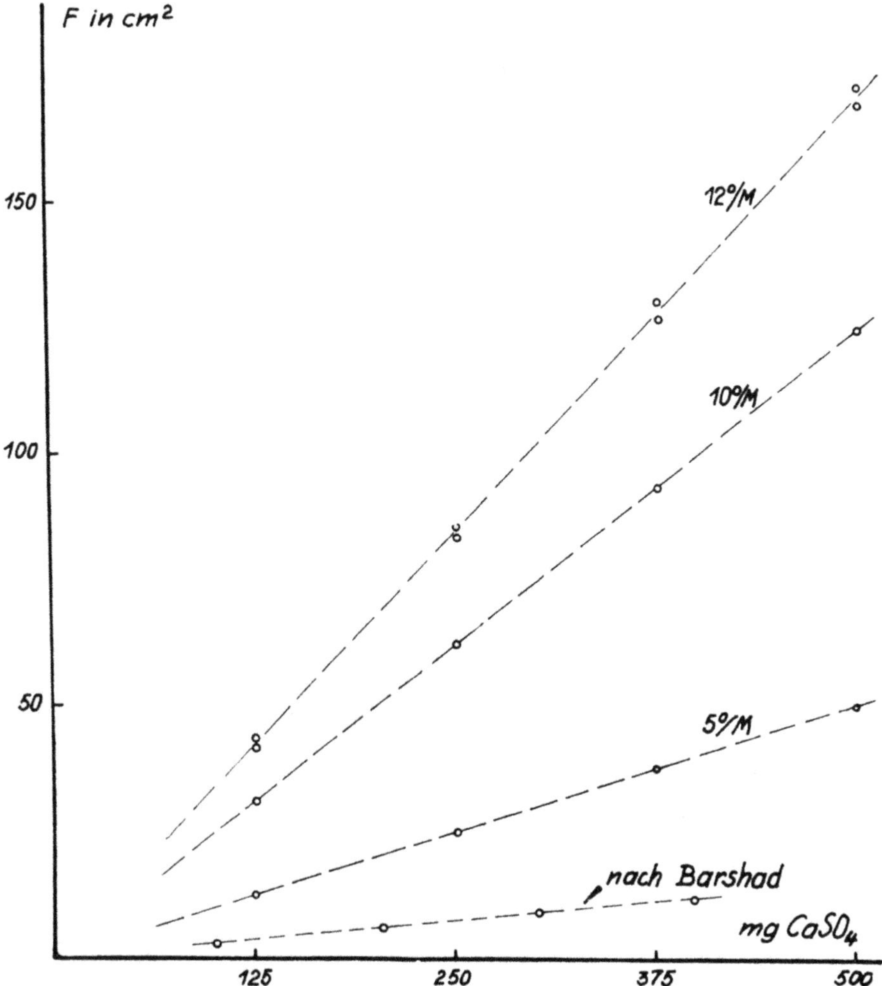

Abb. 2. Die Abhängigkeit der Fläche des DTA-Diagrammes von der Menge der reagierenden Substanz als Funktion der Erwärmungsgeschwindigkeit.

Tabelle I enthält die experimentell bestimmten Werte und im Vergleich dazu die von Kelley [1] berechneten Größen.

Es soll hier noch erwähnt werden, daß auch Barshad [9] für den Übergang $CaSO_4 . 2\,H_2O$ zu $CaSO_4 + 2\,H_2O$ g eine Eichung mit einer uns allerdings unbekannten Substanz ausgeführt hat und dabei eine

Tabelle I.

Reaktion	Wärmemenge in cal/g		Eichung mit
	gemessen	berechnet	
$CaSO_4 . 2\,H_2O \rightarrow$ $CaSO_4 + 2\,H_2O$ g	159	158—164	Benzoesäure
$CaSO_4 . 2\,H_2O \rightarrow$ $CaSO_4 . \frac{1}{2}\,H_2O + {}^3/_2\,H_2O$ g	123	115—118	Benzoesäure
$CaSO_4 . \frac{1}{2}\,H_2O \rightarrow$ $CaSO_4 + \frac{1}{2}\,H_2O$ g	36	43—46	Benzoesäure
$CaSO_4 . 2\,H_2O \rightarrow$ $CaSO_4 + 2\,H_2O$ g	172	158—164	Silbernitrat

g = gasförmig

Reaktionstönung von 164 cal/g fand. Die in der Tabelle I aufscheinenden Differenzen zwischen gemessenen und berechneten Werten dürfen in ihrer Bedeutung nicht überschätzt werden. Die experimentell bestimmten Wärmemengen gehen auf eine relativ geringe Anzahl von Versuchen zurück, die berechneten Größen stammen aus Unterlagen, über deren Zuverlässigkeit wenig bekannt ist. Das oben erwähnte Verfahren zeigt jedoch nach unserer Meinung einen Weg, um in Zukunft diese Werte in größeren Versuchsreihen mit angebbarer Genauigkeit zu ermitteln.

Reduziert man die Erwärmungsgeschwindigkeit der Proben bis auf etwa 2,5°/Min., so ergeben sich DTA-Diagramme von der Form, wie sie die Kurve *A* der Abb. 3 zeigt. Bei einem weiteren Versuch wurde bei gleichem Temperaturanstieg die Heizung bei 125° C (kurz vor Erreichung des Umkehrpunktes der Kurve *B* der Abb. 3) unterbrochen und die Probe im Laufe von 20 Minuten auf 100° C abgekühlt. Sodann bis auf 180° C erhitzt, liefert sie lediglich jene endotherme Reaktion (Kurve *C* der Abb. 3), die den Übergang vom Semihydrat zum Anhydrit charakterisiert.

Weitere orientierende Untersuchungen haben nun gezeigt, daß eine Probe nach erstmaliger vollständiger Erhitzung bis auf 200° C nach wenigen Stunden (etwa 4—5) bei neuerlicher Erwärmung bis zu dieser Temperatur keine endotherme Reaktion mehr liefert. Nachdem die Probe jedoch 40 Stunden normalen atmosphärischen Bedingungen aus-

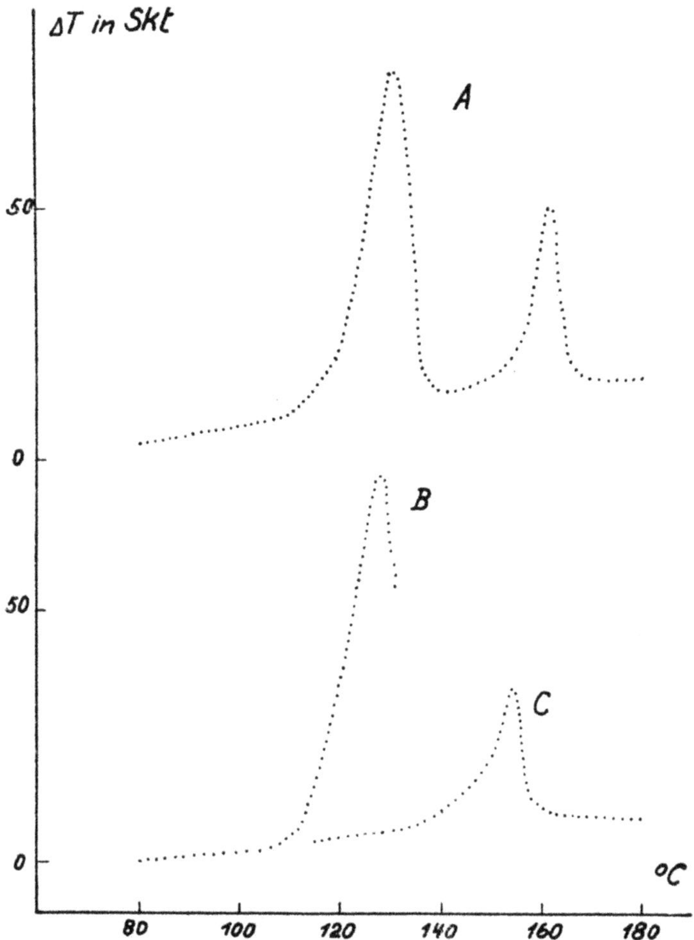

Abb. 3. Kurve *A*: DTA-Diagramm von $CaSO_4 . 2\,H_2O$ bei kontinuierlicher Erwärmung. Kurve *B*: Erwärmung der Probe bei ca. 125° C unterbrochen. Kurve *C*: Neuerliche Erwärmung der Probe der Kurve *B* von 100° bis 180° C.

gesetzt war, deuteten sich an den bekannten Stellen die beiden Reaktionen wieder an. Eine systematische Variation der Versuchsbedingungen könnte hier einen Einblick in die Art der Rückbildung der Folgeprodukte des $CaSO_4 . 2\,H_2O$ zum Ausgangsmaterial ermöglichen.

Was nun die Temperaturen betrifft, bei denen diese beiden Reaktionen einsetzen, so muß zunächst darauf hingewiesen werden, daß die allgemein übliche Darstellung solcher Vorgänge im DTA-Diagramm

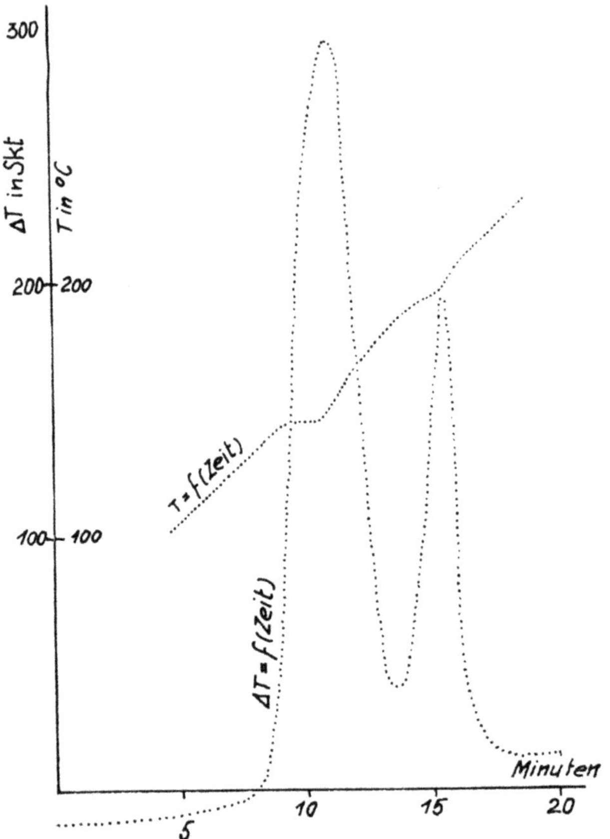

Abb. 4. Der tatsächliche Temperaturverlauf in der Probe während der Reaktionen.

in den Koordinaten Probentemperatur und Differenztemperatur (oder an deren Stelle in äquivalenten Skalenteilen, vgl. Abb. 1 und 3) einer Erklärung bedarf. Bei Reaktionen, die von so großen Energieumsätzen begleitet sind, wie dies beim Übergang vom Dihydrat zum Anhydrit der Fall ist, wird die Temperatur im Probenbehälter bereits merklich von der Reaktion beeinflußt. Den tatsächlichen, mit einem Thermoelement in diesem gemessenen Temperaturanstieg zeigt die Abb. 4, die gleichzeitig auch die zugehörige DTA-Kurve enthält. Der Anfang der

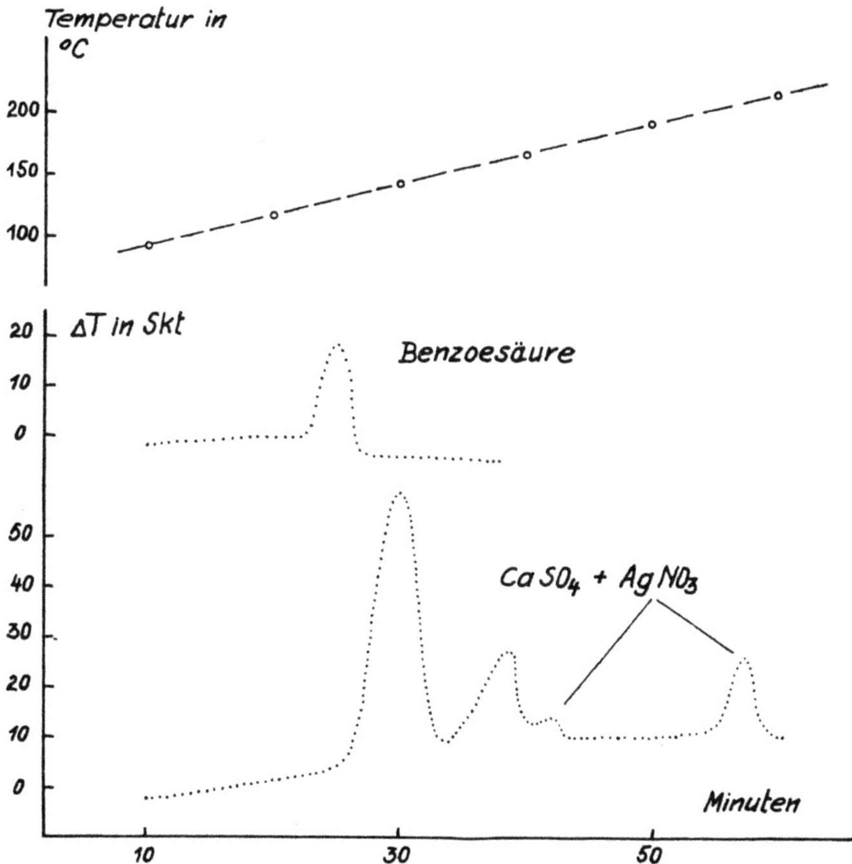

Abb. 5. Die Verwendung von Benzoesäure und Silbernitrat zur Anbringung von Temperaturmarken.

ersten Reaktion liegt zeitlich noch vor dem horizontalen Teilstück der Temperatur-Zeit-Kurve. Ist die Reaktion voll im Gange, so bleibt die Temperatur im Probenbehälter längere Zeit konstant, bei größeren Substanzmengen sinkt sie unter Umständen sogar wieder ab. Dieser Vorgang wiederholt sich, wenn auch weniger stark ausgeprägt, beim Einsetzen der zweiten endothermen Reaktion. Man darf also nach dem eben Gesagten keinesfalls etwa die in den Abb. 1 und 3 den Umkehrpunkten zugeordneten Temperaturwerte als charakteristisch für den jeweiligen Prozeß auffassen. Die in diesen Figuren im Reaktionsgebiet angegebenen Temperaturen sind durch lineare Interpolationen gewonnen worden und entsprechen eigentlich jenen, die zur selben Zeit im gleichartig geheizten Becher, der die inerte Substanz enthält, herrschen. Für manche Versuche ist es im übrigen vorteilhaft, im DTA-Diagramm selbst Temperaturen durch die Reaktionen von Stoffen bekannter Schmelz- oder Inversionspunkte festzulegen [9]. Die Abb. 5 zeigt beispielsweise die Verwendung der schon erwähnten Substanzen Benzoesäure und Silbernitrat zu diesem Zweck. Letzteres besitzt im interessierenden Intervall auch noch einen Inversionspunkt bei 160° C.

Die bis jetzt beschriebenen Versuche wurden stets mit gefälltem Calciumsulfat ausgeführt. Das DTA-Diagramm *A* in Abb. 6 zeigt das Verhalten eines Pulvers, das aus natürlichem Fasergips hergestellt wurde und dessen Kornzusammensetzung ungefähr gleich jener des gefällten Dihydrats war. Zum Vergleich dazu ist darunter in der Kurve *B* nochmals der Reaktionsverlauf des gefällten Sulfats dargestellt. Der Übergang des Semihydrats zum Anhydrit liefert beim Fasergips eine erheblich stärker betonte Reaktion, ferner ist bei gleicher Pulvermenge und Erwärmungsgeschwindigkeit die Dauer des Entwässerungsvorganges länger. Dieser setzt bereits bei tieferen Temperaturen ein und ist nahezu gleichzeitig mit der Entwässerung des gefällten $CaSO_4$ beendet.

Noch deutlicher prägt sich der Unterschied der beiden Substanzen in einem exothermen Effekt aus, den man bei weiterer Erhitzung des gebildeten Anhydrits feststellen kann. Dieser Effekt deutet sich schon in dem DTA-Diagramm Gruvers (vgl. Abb. 1) an, ohne von diesem jedoch interpretiert zu werden. Ebenso erwähnt ihn Lehmann [8]. Wie die beiden Diagramme *A'* und *B'* der Abb. 6 zeigen, tritt diese exotherme Reaktion im Intervall von ca. 290—400° C beim pulverisierten Fasergips und in geringerem Ausmaße auch beim gefällten Calciumsulfat auf. Es ist zu beachten, daß die Kurven *A'* und *B'* gegenüber *A* und *B* mit etwa vierfacher Empfindlichkeit gemessen wurden. Erwärmungsgeschwindigkeit und Probemenge waren in beiden Fällen gleich. Welchem Vorgang dieser exotherme Prozeß zugeordnet werden

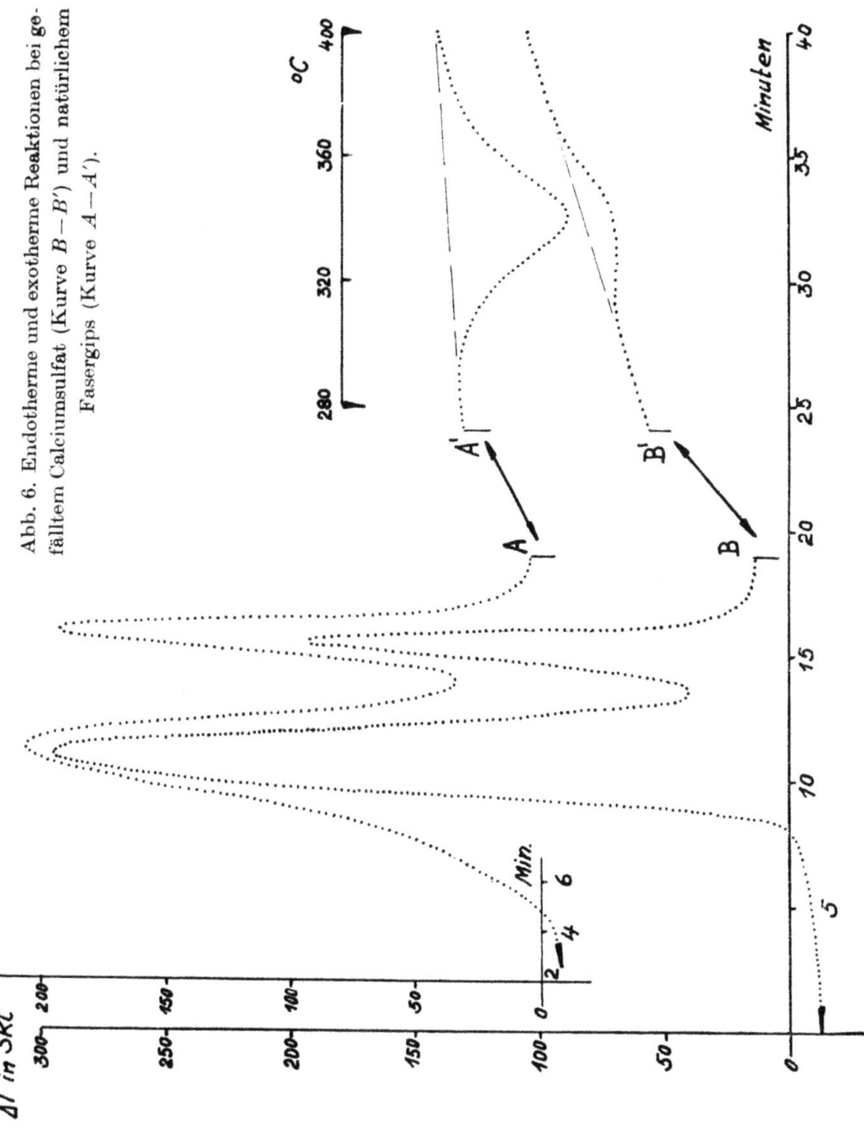

Abb. 6. Endotherme und exotherme Reaktionen bei gefälltem Calciumsulfat (Kurve $B-B'$) und natürlichem Fasergips (Kurve $A-A'$).

muß, ist vorläufig noch ungeklärt. Lehmann [8] führt ihn auf die Umwandlung der löslichen Form des Anhydrits in die unlösliche zurück. Grundsätzlich besteht jedoch auch die Möglichkeit, daß, wie dies bereits La Croix [12] und Gaubert [13] vermuteten, noch zusätzliche weitere Anhydrite existieren, die durch Erhitzung löslichen Anhydrits bei Temperaturen zwischen 200° und 500° C entstehen sollen.

Da dieser exotherme Vorgang in der Beschreibung der Reaktionen des Systems $CaSO_4 . 2\,H_2O$ und seiner Folgeprodukte meist überhaupt nicht aufscheint und von uns keine Angaben über seine Energietönung gefunden werden konnten, haben wir versucht, diese unter Verwendung der Schmelzwärmen von $AgNO_3$ (212° C), KNO_3 (308° C) und $NaNO_3$ (312° C) zu bestimmen. Zusätzlich wurden zur Eichung noch die Inversionspunkte von KNO_3 (128° C) und $AgNO_3$ (160° C) herangezogen (14). Die nachfolgende Tabelle II gibt eine Zusammenstellung der erzielten Resultate in cal/g der Ausgangssubstanz $CaSO_4 . 2\,H_2O$. (Bezogen auf 1 g Anhydrit wären diese Werte entsprechend umzurechnen.)

Tabelle II

Eichung mit	cal/g für $CaSO_4 . 2\,H_2O$ gefällt	cal/g für Fasergips
$AgNO_3$ (I)	2,7	11,6
$AgNO_3$ (S)	2,4	10,3
KNO_3 (I)	2,7	11,6
KNO_3 (S)	2,6	11,2
$NaNO_3$ (S)	2,3	9,9

I = Inversionspunkt; S = Schmelzpunkt.

Es wäre interessant, weitere natürliche Calciumsulfate und vor allem den Anhydrit auf das Auftreten und die Größe des Energieumsatzes dieser exothermen Reaktion zu untersuchen.

Zusammenfassung

Die Wahl zu großer Erwärmungsgeschwindigkeiten bei der differentialthermoanalytischen Untersuchung des Entwässerungsvorganges von $CaSO_4 . 2\,H_2O$ zu Anhydrit bewirkt eine weitgehende oder gänzliche Verschmelzung der beiden Einzelreaktionen des Überganges vom Dihydrat zum Semihydrat und vom Semihydrat zum Anhydrit in den bekannten DTA-Diagrammen des Calciumsulfats. Wie in der vorliegenden Arbeit gezeigt wird, gelingt es durch Verminderung der Erwärmungsgeschwindigkeit, die beiden genannten Reaktionen voneinander gesondert zu erfassen. Damit ergibt sich einerseits die Möglichkeit, die den Reaktionen zugeordneten Energieumsätze getrennt zu bestimmen und ferner ein Weg, die Probleme der Rückbildung des löslichen Anhydrits zum Dihydrat im zeitlichen Ablauf qualitativ und quantitativ zu untersuchen. Unter Verwendung energetisch bekannter Reaktionen anderer Substanzen gelingt es ferner, den Energieumsatz der qualitativ bereits bekannten exothermen Reaktion des Anhydrits im Temperaturintervall von 290° bis 400° C an Hand von zwei Beispielen größenordnungsmäßig festzustellen.

Literaturverzeichnis

[1] Kelley, K. K., J. C. Southard, and C. T. Anderson: U. S. Bur. of Min., Techn. Pap. **625**, 1941.

[2] Feitknecht, W.: Helv. chim. acta, **14**, 1931, 85.

[3] Caspari, W. A.: Proc. Roy. Soc., Lond. **A** 155, 1936, 41; Gallitelli, P.: Periodico mineral **4**, 1933, 132.

[4] Weiser, H. B., W. O. Milligan, and W. C. Ekholm: J. amer. Chem. Soc. **58**, 1936, 1261; H. B. Weiser, and W. O. Milligan: J. amer. Chem. Soc. **59**, 1937, 1456.

[5] Holemann-Wiberg: Lehrbuch der anorg. Chemie. Berlin 1951.

[6] Schedling, J. A.: Ber. DKG **30**, 1953, Heft 1; Acta Phys. Austr. **8**, 1953, H. 1.

[7] Gruver, R. M.: J. amer. Ceram. Soc. **34**, 1951, 353.

[8] Lehmann, H.: Tonind. Ztg., 1. Beiheft, 1954.

[9] Barshad, I.: Amer. Mineral. **37**, 1952, 667.

[10] Speil, S.: U. S. Bur. of Min., Techn. Pap. **664**, 1945, 81.

[11] Kerr, P. F., and J. L. Kulp: Amer. Mineral. **33**, 1948, 387.

[12] La Croix, M. A.: Compt. rend. **126**, 1898, 360.

[13] Gaubert, P.: Bull. soc. franç. mineral. **57**, 1934, 252.

[14] Die in dieser Arbeit verwendeten Angaben über Schmelzpunkte, Inversionspunkte und zugehörige Energien wurden dem Taschenbuch für Chemiker und Physiker, Ausgabe 1943, den Smithsonian Physical Tables, 8. Auflage, 1934, und dem Handbook of Chemistry and Physics, 30. Auflage, 1947, entnommen.

Hawliczek F.: Über die Verwendung des Elektrokardiographen als Registriergerät in der Radiokardiographie (mit 3 Abbildungen), MIR Nr. 486, 4 Seiten. S 4.—

Hießberger F. und Karlik Berta: Weitere Untersuchungen über das Astatisotop 218 (mit 7 Abbildungen), MIR Nr. 487, 13 Seiten. S 8.30

Lang K.: Die spektrale Energieverteilung einer Neonlinie bei verschiedenen Entladungsbedingungen (mit 7 Abbildungen) 22 Seiten. S 13.80

Schneider W. und Matitsch T.: Eine photographische Methode zur quantitativen Bestimmung von Actinium (mit 3 Abbildungen), MIR Nr. 488, 19 Seiten. S 6.30

Tungl E.: Anschluß von Stäben mit ⊏-Querschnitt (mit 3 Abbildungen), 9 Seiten. S 10.60

Wänke H.: Ein elektronisch-optisches Verfahren zur Aufzeichnung der Amplitudenverteilung elektrischer Impulse (mit 16 Abbildungen), MIR Nr. 489, 22 Seiten. S 13.50

Weinzierl P.: Herstellung linearer Ra*DE*-Präparate aus hochgereinigter Radiumemanation (mit 2 Abbildungen), MIR Nr. 493, 12 Seiten. S 9.—

1953 (S II a, Bd. 162):

Blöch R.: Die Bildung von Oberflächenkristallen auf Alkalihalogeniden, Fluorit und Kalzit bei Bestrahlung mit Polonium (mit 4 Abbildungen), MIR Nr. 494. S 8.20

Drexler O.: Die Farbzentrenausbeute in Steinsalz für β-Strahlen mittlerer Energie (mit 8 Abbildungen), MIR Nr. 498. S 12.—

Herglotz H.: Zur sekundären Erregung des Chrom-$K\alpha_3$-Satelliten (mit 11 Abbildungen) S 12.80

Pohl E.: Ein neues Emanometer für Präzisionsmessungen mit vielseitiger Verwendungsmöglichkeit (mit 5 Abbildungen). Mitteilung aus dem Forschungsinstitut Gastein Nr. 88. S 12.40

Przibram K.: Über die Farb-Bänderung des Fluorits (mit 3 Abbildungen), MIR Nr. 497. S 10.90

Tomiser J.: Analyse von Sulfonamidgemischen mit Hilfe des Ramaneffektes (mit 9 Abbildungen). S 14.60

Tomiser J.: Ramanspektren von Sulfonamiden (mit 21 Abbildungen). S 47.20

Treitl K.: Über die Verfärbung von NaCl, KCl und CaF_2 mit Kathodenstrahlen (mit 8 Abbildungen), MIR Nr. 500. S 8.90

1954 (S II, Bd. 163):

Glaser W.: Licht und Materie in einheitlicher Deutung. S 52.—

Pohl E. und Pohl-Rüling Johanna: Radioaktive Luftmessungen im Raum von Badgastein und Böckstein (mit 4 Abbildungen). S 14.80

Pohl-Rüling Johanna: Über die Durchlässigkeit von Gummi und Plastikstoffen für Radium-Emmanation (mit 1 Abbildung). S 4.—

Pohl-Rüling Johanna und Pohl E.: Neue Bestimmungen des Radium- und Radongehaltes einiger Austritte der Gasteiner Therme. S 5.—

Przibram K.: Über die Verteilung von Farbzentren und anderen Störungen in natürlichen Steinsalzkristallen (mit 5 Abbildungen) MIR Nr. 503. S 6.60

Schmid E. und Lintner K.: Über die Bedeutung eines Bombardements mit Korpuskularstrahlen für die Plastizität von Metallkristallen (mit 5 Abbildungen). S 12.—

www.ingramcontent.com/pod-product-compliance
Ingram Content Group UK Ltd.
Pitfield, Milton Keynes, MK11 3LW, UK
UKHW021926190726
13853UKWH00002B/879

* 9 7 8 3 6 6 2 2 3 8 8 8 2 *